Abdelhafid Mimouni

Antagonismo da Orexina e da Adenosina na Vigilância

Abdelhafid Mimouni

Antagonismo da Orexina e da Adenosina na Vigilância

ScienciaScripts

Imprint

Any brand names and product names mentioned in this book are subject to trademark, brand or patent protection and are trademarks or registered trademarks of their respective holders. The use of brand names, product names, common names, trade names, product descriptions etc. even without a particular marking in this work is in no way to be construed to mean that such names may be regarded as unrestricted in respect of trademark and brand protection legislation and could thus be used by anyone.

Cover image: www.ingimage.com

This book is a translation from the original published under ISBN 978-620-6-71945-8.

Publisher:
Sciencia Scripts
is a trademark of
Dodo Books Indian Ocean Ltd. and OmniScriptum S.R.L publishing group

120 High Road, East Finchley, London, N2 9ED, United Kingdom
Str. Armeneasca 28/1, office 1, Chisinau MD-2012, Republic of Moldova, Europe
Printed at: see last page
ISBN: 978-620-8-02924-1

"Antagonismo da Orexina e da Adenosina na Vigilância

Autor:

O Dr. Abdelhafid Mimouni é um investigador independente especializado na química de sistemas bioinorgânicos. Possui uma vasta experiência em síntese e caraterização macromolecular. Obteve o seu doutoramento em química na Universidade de Paris XII em 1997 e um Diplôme des études approfondies em sistemas bioinorgânicos na Universidade de Paris XI em 1993.

Resumo:

Este livro examina a importância da orexina e da adenosina na regulação do sono e da vigília, explorando os seus mecanismos moleculares, as suas implicações clínicas, bem como os avanços tecnológicos e as perspectivas de investigação. Abrange a neuroanatomia, a neurofisiologia e a sua interação com outros neurotransmissores. As secções seguintes centram-se na biossíntese, nos receptores específicos e na influência dos metais na sua função. Os aspectos clínicos abrangem perturbações como a narcolepsia e as abordagens terapêuticas existentes e potenciais. Finalmente, o livro discute métodos avançados de imagiologia, modelos experimentais e inovações futuras neste domínio, salientando a importância crescente destes neurotransmissores na investigação neurológica moderna.

Mapa do livro

Introdução

A síndrome de Gélineau, também conhecida como narcolepsia-cataplexia, é uma doença neurológica crónica que altera profundamente o controlo do sono e da vigília nos indivíduos afectados. Os sintomas caraterísticos incluem sonolência diurna excessiva, episódios de sono súbitos e incontroláveis e manifestações de cataplexia, uma perda temporária do tónus muscular desencadeada por emoções fortes como a alegria, a surpresa ou a raiva. Os doentes podem também ter alucinações hipnagógicas ou hipnopômpicas, bem como perturbações do sono noturno, como insónias. O diagnóstico baseia-se numa avaliação exaustiva que inclui história, exame físico e testes especializados, como a polissonografia e os testes de latência do sono. O tratamento tem como objetivo aliviar os sintomas e pode incluir a administração de medicação para controlar a sonolência diurna e a cataplexia, bem como a prestação de apoio personalizado para melhorar a qualidade de vida dos doentes.

Capítulo 1: Fundamentos neurobiológicos

Secção 1.1: Neuroanatomia e neurofisiologia da orexina e da adenosina

A regulação do sono e da vigília é fortemente influenciada pela orexina e pela adenosina, dois neurotransmissores fundamentais do sistema nervoso central. A orexina, também conhecida como hipocretina, é produzida no hipotálamo e desempenha um papel central na manutenção da vigília e do estado de alerta. A adenosina, por outro lado, acumula-se progressivamente durante a vigília e promove a sonolência, actuando em receptores específicos no cérebro.

Secção 1.2: Papéis específicos na regulação do ciclo sono-vigília

A interação entre a orexina e a adenosina é crucial para a modulação fina do ciclo sono-vigília. A orexina actua em oposição aos efeitos da adenosina, promovendo a vigília e a vigilância. A deficiência de orexina, observada em doentes com narcolepsia-cataplexia, leva a sonolência diurna excessiva devido a uma incapacidade de manter a vigília de forma adequada.

Secção 1.3: Interações com outros neurotransmissores e sistemas neurológicos

Para além do seu impacto direto na regulação do sono e da vigília, a orexina e a adenosina interagem estreitamente com vários outros neurotransmissores e sistemas neuronais para modular a sua função. Esta interconexão complexa desempenha um papel crucial na diversidade dos sintomas observados nos pacientes que sofrem de perturbações do sono, nomeadamente de narcolepsia-cataplexia.

Por exemplo, a orexina actua de forma sinérgica com neurotransmissores como a dopamina e a noradrenalina, influenciando a regulação do estado de alerta e da atividade motora. Do mesmo modo, a adenosina, para além dos seus efeitos em receptores específicos, pode interagir com outros sistemas neuronais envolvidos na modulação do sono e na resposta ao stress ambiental.

Esta complexidade das interações neuroquímicas subjacentes às funções da orexina e da adenosina sublinha a importância de compreender estes mecanismos, a fim de desenvolver estratégias terapêuticas mais eficazes e orientadas para o tratamento das perturbações do sono.

Capítulo 2: Mecanismos moleculares e celulares

Secção 2.1: Biossíntese e metabolismo da orexina e da adenosina A compreensão dos processos de biossíntese e metabolismo da orexina e da adenosina é essencial para entender a sua regulação e disfunção em indivíduos com perturbações do sono. Estes processos oferecem alvos potenciais para o desenvolvimento de novas terapias destinadas a restabelecer a regulação adequada do ciclo sono-vigília.

Para aprofundar a secção sobre a biossíntese e o metabolismo da orexina e da adenosina, é essencial examinar os processos bioquímicos subjacentes que regem a produção e o processamento destes neurotransmissores no sistema nervoso central.

Biossíntese e metabolismo da Orexina (Hipocretina)

A orexina, também conhecida como hipocretina, é sintetizada principalmente no hipotálamo, uma região-chave do cérebro envolvida na regulação do sono e da vigília. A síntese da orexina inicia-se com a transcrição do seu precursor, a pré-pro-orexina, a partir do gene HCRT, localizado no cromossoma 17 nos seres humanos. Este precursor é depois clivado para produzir os péptidos activos da orexina, a orexina A e a orexina B, por enzimas específicas presentes nos neurónios hipotalâmicos.

Uma vez libertada na circulação cerebrospinal, a orexina actua principalmente através da ligação a dois receptores principais: o recetor de orexina de tipo 1 (OX1R) e o recetor de orexina de tipo 2

(OX2R). Estes receptores são expressos de forma diferente em diferentes regiões do cérebro, modulando vários aspectos da fisiologia do sono e da vigília, incluindo a regulação do tónus muscular e do estado de alerta.

Biossíntese e metabolismo da adenosina

A adenosina é um nucleósido purínico que se forma a partir da hidrólise do ATP, principalmente nas células gliais do cérebro. O ATP é degradado em adenosina por enzimas como a ectonucleotidase e a ecto-5'-nucleotidase. Uma vez formada, a adenosina é libertada no espaço extracelular, onde exerce os seus efeitos através da ativação de receptores específicos, principalmente os receptores A1 e A2A.

Os receptores A1 estão envolvidos na promoção do sono, inibindo a atividade neuronal, enquanto os receptores A2A promovem o estado de alerta, facilitando a libertação de neurotransmissores como a dopamina. A adenosina é depois rapidamente reciclada por transportadores especializados ou metabolizada em inosina pela adenosina desaminase.

Perspectivas terapêuticas

A compreensão pormenorizada da biossíntese e do metabolismo da orexina e da adenosina abre caminho ao desenvolvimento de novas terapias dirigidas a estes sistemas para o tratamento de perturbações do sono e de outras doenças neurológicas. As abordagens farmacológicas destinadas a modular os níveis de orexina ou de adenosina, ou a influenciar os seus receptores, podem potencialmente restabelecer a regulação adequada do ciclo sono-vigília em doentes que sofrem de narcolepsia, insónia ou outras doenças relacionadas.

Secção 2.2: Receptores e vias de sinalização envolvidas na sua ação

Os efeitos biológicos da orexina e da adenosina são mediados pela ativação de receptores específicos e de complexas vias de sinalização intracelular. Estes receptores, presentes na superfície das células nervosas e noutros tecidos, desempenham um papel crucial na transmissão de sinais e na modulação de processos fisiológicos essenciais.

Receptores de orexina :

A orexina actua principalmente através de dois tipos de receptores, a Orexina-A e a Orexina-B (OX1R e OX2R), que são membros da família dos receptores acoplados à proteína G (GPCR). Quando a orexina se liga a estes receptores, desencadeia uma cascata de sinalização intracelular que envolve proteínas cinases e outros mediadores que influenciam diretamente o estado de alerta e os ciclos de sono-vigília.

Receptores de adenosina:

A adenosina exerce os seus efeitos através de vários subtipos de receptores, incluindo A1, A2A, A2B e A3, que são também receptores acoplados à proteína G. Estes receptores estão amplamente distribuídos no cérebro e no corpo e regulam uma série de processos biológicos, incluindo a modulação do estado de alerta e a resposta ao stress metabólico.

Vias de sinalização intracelular: Uma vez activados, os receptores da orexina e da adenosina activam várias vias de sinalização intracelular. Estas vias incluem cascatas de fosforilação e desfosforilação controladas por cinases e fosfatases, bem como modificações pós-traducionais das proteínas-alvo. Estes mecanismos de sinalização intracelular são cruciais para transmitir os efeitos dos neurotransmissores aos núcleos cerebrais e a outros alvos celulares, modulando assim a atividade neuronal e a resposta fisiológica.

Implicações terapêuticas:

A compreensão pormenorizada destes mecanismos moleculares e celulares oferece oportunidades valiosas para o desenvolvimento de novas terapias específicas. Ao visar seletivamente receptores específicos de orexina ou de adenosina ou ao modular as suas vias de sinalização, será possível otimizar os tratamentos das perturbações do sono e de outras doenças associadas a perturbações destes neurotransmissores. Esta abordagem promissora poderá abrir caminho a intervenções terapêuticas mais eficazes e mais bem toleradas para melhorar a qualidade de vida dos pacientes.

Secção 2.3: Influência dos metais e minerais no seu funcionamento

Como bioinorganista, a exploração da influência dos metais e minerais na função da orexina e da adenosina pode fornecer informações únicas sobre as interações bioquímicas subjacentes. Esta perspetiva pode abrir novas vias de investigação para esclarecer os mecanismos ainda mal compreendidos dos distúrbios do sono.

Influência dos metais e minerais no seu funcionamento

Como bioinorganista, explorar a influência dos metais e minerais na função da orexina e da adenosina oferece uma nova perspetiva para compreender as interações bioquímicas cruciais na regulação do sono e da vigília. Os metais e os minerais podem atuar de várias formas para modular a atividade destes neurotransmissores, influenciando assim os processos fisiológicos associados aos distúrbios do sono.

Interações metálicas com Orexina e Adenosina

Os metais podem ligar-se diretamente à orexina e à adenosina, afectando a sua estrutura tridimensional e a sua atividade funcional. Por exemplo, sabe-se que metais como o zinco, o ferro e o cobre se ligam a sítios específicos das proteínas, modulando a sua estabilidade e função. Esta interação metálica pode influenciar a síntese, a libertação ou a degradação da orexina e da adenosina no cérebro, regulando a sua disponibilidade e eficiência na transmissão neuronal.

Impacto dos minerais na sinalização neural

Para além dos metais, certos minerais, como o magnésio e o cálcio, desempenham um papel crucial na sinalização neuronal envolvida na regulação do sono e da vigília. O magnésio, por exemplo, é essencial para estabilizar as membranas celulares e regular os canais iónicos, que podem influenciar a resposta dos neurónios a neurotransmissores como a orexina e a adenosina. Da mesma forma, o cálcio está envolvido na libertação de neurotransmissores pré-sinápticos e na modulação dos receptores pós-sinápticos, afectando assim a transmissão de sinais neuronais associados ao ciclo sono-vigília.

Aplicações potenciais na investigação e na terapêutica

A identificação de interações específicas entre metais, minerais e neurotransmissores, como a orexina e a adenosina, abre novas vias para a investigação dos distúrbios do sono. Ao compreender melhor estes mecanismos bioquímicos, poderá ser possível desenvolver terapias inovadoras que visem especificamente as deficiências ou disfunções associadas a estas interações metal-mineral. Estes avanços poderão conduzir a tratamentos mais eficazes e mais bem orientados para os doentes que sofrem de narcolepsia, insónia e outras perturbações do sono.

Capítulo 3: Implicações clínicas

Secção 3.1: Doenças neurológicas relacionadas com a disfunção da orexina e da adenosina

A narcolepsia-cataplexia e outras perturbações do sono são profundamente influenciadas pela disfunção da orexina e da adenosina. A compreensão destas ligações é crucial para entender a variabilidade clínica dos sintomas e desenvolver abordagens personalizadas para o tratamento médico.

Exemplos concretos e metodologias utilizadas

Narcolepsia-cataplexia: A narcolepsia-cataplexia caracteriza-se por uma diminuição ou ausência de produção de orexina no cérebro, devido à destruição autoimune dos neurónios produtores de orexina. Os métodos de investigação incluem a imagiologia cerebral para estudar os níveis de orexina e as correlações com os sintomas clínicos dos doentes. Estão também a ser realizados estudos genéticos e imunológicos para identificar factores predisponentes e mecanismos subjacentes a esta disfunção.

Insónia: Embora menos estudada do que a narcolepsia, a insónia também pode ser influenciada por disfunções na regulação da adenosina. As abordagens farmacológicas dirigidas aos receptores de adenosina, bem como os estudos do metabolismo da adenosina no cérebro, têm sido utilizados para explorar os mecanismos desta doença e desenvolver novas terapias.

Secção 3.2: Abordagens terapêuticas actuais que visam estes sistemas

As abordagens terapêuticas actuais para modular a atividade da orexina e da adenosina incluem a utilização de inibidores da recaptação da noradrenalina e outros agentes farmacológicos. A avaliação da sua eficácia e segurança a longo prazo é essencial para otimizar a gestão dos sintomas nos doentes.

Exemplos concretos e avaliações

Modafinil e outros estimulantes: O modafinil é um estimulante receitado para tratar a sonolência diurna excessiva associada à narcolepsia. Funciona aumentando a libertação de neurotransmissores como a dopamina e a noradrenalina, melhorando assim o estado de alerta sem perturbar o sono noturno. Os ensaios clínicos demonstraram a sua eficácia a curto prazo, mas são necessários estudos longitudinais para avaliar o seu impacto a longo prazo na função cognitiva e no bem-estar dos doentes.

Agomelatina: Este medicamento actua como agonista dos receptores da melatonina e antagonista dos receptores da serotonina, influenciando assim os ciclos sono-vigília. Embora inicialmente utilizado para tratar a depressão, o seu potencial para regular a regulação circadiana poderia também beneficiar os doentes que sofrem de perturbações do sono associadas a anomalias na sinalização da adenosina.

Ao integrar estas abordagens farmacológicas inovadoras, a investigação visa melhorar a qualidade de vida das pessoas, optimizando os tratamentos das perturbações complexas do sono e explorando novas vias terapêuticas baseadas numa compreensão aprofundada dos sistemas neuroquímicos envolvidos.

Secção 3.3: Utilização potencial noutras doenças neurológicas e psiquiátricas

Para além das perturbações do sono, a exploração dos efeitos da orexina e da adenosina oferece novas perspectivas para o tratamento de doenças neurológicas e psiquiátricas complexas. Esta perspetiva mais alargada abre caminho a novas aplicações terapêuticas.

Explorando novas aplicações terapêuticas

Depressão e ansiedade: As disfunções na regulação da orexina e da adenosina têm sido associadas a sintomas de depressão e ansiedade. A investigação sobre os moduladores dos sistemas orexina-adenosina poderia levar ao desenvolvimento de tratamentos mais eficazes para estas doenças, ao visar diretamente os mecanismos subjacentes à sua patogénese.

Doenças neurodegenerativas: disfunção da orexina e da adenosina

Estudos recentes sugerem que existem ligações entre a disfunção da orexina e da adenosina e certas doenças neurodegenerativas, como a doença de Alzheimer e a doença de Parkinson. A compreensão destas ligações pode abrir novas vias para o desenvolvimento de terapias neuroprotectoras destinadas a retardar a progressão destas doenças através da modulação da sinalização neuronal afetada.

Definição de doenças neurodegenerativas

Doença de Alzheimer: A doença de Alzheimer é uma doença neurodegenerativa progressiva e irreversível do cérebro. Caracteriza-se por perda de memória, défice cognitivo e alterações comportamentais. Os sintomas começam geralmente de forma lenta e vão-se agravando progressivamente, afectando a capacidade da pessoa para realizar as suas actividades diárias.

Doença de Parkinson: A doença de Parkinson é uma doença neurodegenerativa que afecta principalmente os movimentos. É causada pela degeneração dos neurónios produtores de dopamina numa região específica do cérebro chamada substantia nigra. Os sintomas incluem tremores, rigidez muscular, lentidão de movimentos e problemas de equilíbrio.

Impacto da Orexina e da Adenosina nestas doenças

Orexina (Hipocretina): A orexina é um neurotransmissor essencial produzido por um pequeno grupo de neurónios no hipotálamo. Desempenha um papel crucial na regulação do sono, da vigília e do apetite. A investigação sugere que a orexina pode também estar envolvida na modulação da neuroinflamação e na regulação da resposta imunitária no cérebro. A deficiência de orexina poderia contribuir para a patogénese da doença de Alzheimer e de Parkinson ao afetar estes processos.

Adenosina: A adenosina é um neuromodulador que regula vários aspectos da função cerebral, incluindo o sono, a vigília e a resposta ao stress. As disfunções do sistema adenosinérgico têm sido associadas a doenças neurodegenerativas. Por exemplo, estudos indicam que a adenosina pode influenciar a neuroprotecção modulando a atividade da microglia e regulando a resposta inflamatória, processos que são cruciais na patogénese da doença de Alzheimer e da doença de Parkinson.

Mecanismos potenciais e perspectivas terapêuticas

A identificação das ligações entre a orexina, a adenosina e as doenças neurodegenerativas abre caminho a novas abordagens terapêuticas. Por exemplo, as estratégias destinadas a estimular a produção de orexina ou a modular os receptores adenosinérgicos podem potencialmente retardar a progressão da doença, atenuando a neuroinflamação, melhorando a função sináptica ou promovendo a neuroprotecção.

Capítulo 4: Tecnologia e investigação avançada

Secção 4.1: Métodos de imagiologia e de medição para estudar a atividade da orexina e da adenosina

Os métodos contemporâneos de imagiologia cerebral desempenham um papel crucial na exploração da orexina e da adenosina, oferecendo uma visualização direta da sua distribuição e atividade no cérebro humano e animal. A ressonância magnética funcional (fMRI) caracteriza-se pela sua elevada resolução espacial e temporal, permitindo mapear as regiões cerebrais activadas durante a regulação do sono e da vigília. Por exemplo, estudos revelaram que as regiões hipotalâmicas ricas em orexina estão activas durante a vigília e inibidas durante o sono, salientando o seu papel crucial na modulação do estado de alerta.

Para complementar estes avanços, a imagiologia molecular, como a tomografia por emissão de positrões (PET), oferece a possibilidade de monitorizar a atividade metabólica e a expressão dos receptores de adenosina no cérebro. Esta abordagem é de importância vital para compreender como a acumulação de adenosina, em resposta à fadiga ou em antecipação do sono, altera a sinalização neuronal e influencia o estado de alerta. Estas tecnologias emergentes fornecem dados cruciais para a identificação de perturbações neurológicas associadas a distúrbios do sono, como a narcolepsia-cataplexia e a insónia.

Ao integrar estes métodos avançados de imagiologia, a investigação está a fazer progressos na compreensão das interações complexas entre a orexina, a adenosina e a regulação da vigília e do sono. Estas abordagens abrem novas perspectivas para o desenvolvimento de estratégias diagnósticas e terapêuticas inovadoras destinadas a melhorar a qualidade de vida dos indivíduos afectados por estas perturbações neurológicas.

Secção 4.2: Modelos experimentais e abordagens farmacológicas

Os modelos animais desempenham um papel essencial na simulação das condições patológicas associadas à disfunção da orexina e da adenosina, bem como na avaliação da eficácia de potenciais tratamentos farmacológicos. Por exemplo, os ratinhos knockout para a orexina revelaram a importância crucial deste neurotransmissor na regulação do sono e da vigília. Estes modelos experimentais podem também ser utilizados para testar compostos farmacológicos concebidos para modular seletivamente os receptores de adenosina, abrindo novas perspectivas para o desenvolvimento de terapias inovadoras.

As abordagens farmacológicas avançadas incluem a utilização de inibidores específicos da recaptação da noradrenalina e outros agentes que modulam os sistemas orexinérgico e adenosinérgico.

Estes estudos são de importância vital para compreender o impacto destes agentes na regulação do estado de alerta e para identificar potenciais alvos terapêuticos em doentes com perturbações crónicas do sono.

Ao integrar estes modelos experimentais sofisticados e abordagens farmacológicas inovadoras, a investigação visa aprofundar a nossa compreensão dos mecanismos neuroquímicos subjacentes às perturbações do sono e abrir novas vias para intervenções terapêuticas mais eficazes e mais bem direcionadas. Estes esforços prometem melhorar significativamente a gestão clínica dos doentes e dar resposta a necessidades não satisfeitas no complexo domínio da regulação do sono e da vigília.

Secção 4.3: Inovações recentes e desenvolvimentos futuros

Os recentes avanços tecnológicos, como a utilização do CRISPR-Cas9 para uma modificação genética precisa, estão a abrir perspectivas sem precedentes no estudo dos mecanismos moleculares da orexina e da adenosina. A engenharia de proteínas permite a criação de variantes específicas dos receptores, facilitando uma compreensão pormenorizada da sua função e abrindo caminho a abordagens terapêuticas personalizadas. Paralelamente, a terapia genética está a explorar a possibilidade de restaurar ou modular a expressão da orexina e da adenosina em modelos animais, com potenciais implicações para futuras aplicações clínicas.

Estas inovações têm o potencial de transformar fundamentalmente o tratamento das perturbações do sono, permitindo uma intervenção mais precisa e direcionada nas vias neuroquímicas que regulam o estado de alerta. Ao explorar estas tecnologias avançadas, os investigadores pretendem desenvolver estratégias terapêuticas inovadoras que possam não só melhorar a qualidade do sono, mas também tratar eficazmente as perturbações complexas associadas à regulação da vigília e do sono.

Esta abordagem multidisciplinar promete ultrapassar os limites actuais da investigação em neurociências e catalisar o desenvolvimento de novas terapias para melhorar a saúde e o bem-estar das pessoas afectadas por perturbações do sono e outras doenças neurológicas relacionadas.

Capítulo 5: Perspectivas da investigação em matéria de vigilância

Secção 5.1: Interações complexas entre a Adenosina, a Coenzima B12 e a Vigilância

O estado de alerta, crucial para o funcionamento cognitivo e físico, é regido por uma rede complexa de neurotransmissores e processos bioquímicos. A adenosina, um neuromodulador chave envolvido na regulação do sono e da vigília, desempenha um papel central na modulação do estado de alerta. Quando o cérebro é confrontado com a fadiga ou se prepara para dormir, a acumulação de adenosina inibe a atividade neuronal, sinalizando aos sistemas biológicos para abrandarem e descansarem.

Uma das implicações mais intrigantes da acumulação de adenosina reside no seu impacto na biossíntese da coenzima B12, que é essencial para vários processos celulares, incluindo a metilação do ADN e a síntese de ácidos nucleicos. A 5,6-desoxiadenosilcobalamina, a forma ativa da coenzima B12, é essencial para a metilação do ADN, um processo crucial para a regulação epigenética e a estabilidade genómica. No entanto, quando a adenosina se acumula, pode perturbar a disponibilidade dos substratos necessários para a biossíntese eficiente desta coenzima. Como resultado, a metilação do ADN pode ser comprometida, afectando potencialmente a expressão genética e a resposta celular a stresses ambientais e metabólicos.

Esta inter-relação complexa entre a adenosina e a coenzima B12 fornece um quadro rico para explorar os mecanismos moleculares subjacentes à regulação do estado de alerta e da integridade genómica. A compreensão destas interações não só esclarece os processos biológicos fundamentais, como também abre a possibilidade de novas abordagens terapêuticas para tratar as perturbações da vigilância e outras doenças influenciadas por estas vias bioquímicas essenciais.

Secção 5.2: Impacto na energia celular e fadiga associada

Para além da sua influência na biossíntese da coenzima B12, a acumulação de adenosina pode também levar a uma redução da energia ATP disponível nos ribossomas. O ATP desempenha um papel crucial nos processos de tradução das proteínas no interior dos ribossomas, uma etapa essencial na síntese das proteínas necessárias para manter a estrutura e a função das células. Quando o ATP se torna limitado devido a uma perturbação dos processos adenosinérgicos, pode contribuir para o aumento da fadiga celular, comprometendo a capacidade das células para manterem uma funcionalidade óptima e responderem eficazmente às necessidades metabólicas.

Esta redução da energia ATP devido à acumulação de adenosina tem um impacto direto na capacidade das células para suportar as suas actividades metabólicas normais e manter a sua integridade funcional. Ao explorar estes mecanismos, será possível compreender melhor a base biológica da fadiga celular e considerar estratégias para atenuar os seus efeitos negativos na saúde celular e no bem-estar geral.

Secção 5.3: Perspectivas de investigação e desenvolvimento de terapêuticas

A compreensão das interações complexas entre a adenosina, a biossíntese da coenzima B12 e a energia celular abre novas vias de investigação sobre a gestão do estado de alerta e da fadiga. Abordagens inovadoras poderiam ter como objetivo modular seletivamente as vias adenosinérgicas para restabelecer a regulação normal do sono e da vigília, optimizando simultaneamente a disponibilidade da coenzima B12 e da energia celular. São necessários mais estudos para elucidar os mecanismos subjacentes a estas interações e para desenvolver estratégias terapêuticas que possam potencialmente melhorar o estado de alerta e reduzir a fadiga associada a doenças como a narcolepsia, a insónia e outras perturbações do sono.

Secção 5.4: Tecnologias avançadas e abordagens metodológicas

O rápido desenvolvimento de tecnologias de neuroimagem funcional e de modelos experimentais in vitro e in vivo representa um avanço significativo no estudo de interações moleculares e celulares complexas. Estes avanços fornecem ferramentas valiosas para explorar os efeitos da adenosina nos principais processos biológicos, como a biossíntese da coenzima B12 e a dinâmica da energia celular.

Neuroimagem funcional avançada: A espetroscopia de ressonância magnética nuclear (RMN) permite a visualização pormenorizada de metabolitos e processos bioquímicos no cérebro. Por exemplo, pode quantificar os níveis de coenzima B12 em diferentes regiões do cérebro e estudar a forma como a adenosina altera esses níveis em resposta a estímulos específicos.

Microscopia de fluorescência: Esta técnica permite visualizar e monitorizar os processos celulares em tempo real. Utilizando marcadores fluorescentes específicos, os investigadores podem observar a forma como a adenosina influencia a dinâmica energética a nível celular, nomeadamente examinando as alterações do metabolismo dos aminoácidos e dos ácidos gordos, processos essenciais regulados pela coenzima B12.

Modelos animais geneticamente modificados: Os modelos animais geneticamente modificados, como os ratinhos knockout para os receptores de adenosina ou para as principais enzimas envolvidas na biossíntese da coenzima B12, permitem desvendar os papéis específicos destas moléculas na regulação do estado de alerta e da fadiga. Estes modelos fornecem informações valiosas sobre os mecanismos moleculares subjacentes e podem servir de plataforma para testar novas intervenções.

Implicações terapêuticas e compreensão mecânica: Estas abordagens metodológicas avançadas são cruciais para a obtenção de dados precisos e pormenorizados sobre as interações adenosina-coenzima B12. Facilitam não só a descoberta de novos alvos para as perturbações da vigilância, mas também uma melhor compreensão dos mecanismos biológicos subjacentes a fenómenos complexos como a fadiga crónica e as perturbações do sono. Ao integrar estas tecnologias, os investigadores podem desenvolver estratégias mais direcionadas e eficazes, promovendo avanços significativos na investigação biológica e na tradução de conhecimentos.

Esta abordagem multidimensional e integradora fornece um quadro robusto para explorar as nuances de interações biológicas complexas e **traduzir este** conhecimento em potenciais aplicações em neurobiologia e investigação básica.

Conclusão

Em resumo, a orexina e a adenosina desempenham papéis cruciais mas distintos na regulação do sono e da vigília, influenciando diretamente a saúde neurológica e a qualidade de vida. Compreender a sua complexa interação é essencial para desenvolver estratégias terapêuticas inovadoras e melhorar a gestão das perturbações do sono e de outras condições neurológicas. Através de uma abordagem multidisciplinar, integrando perspectivas da bioinorgânica e da neurologia, este livro tem como objetivo enriquecer o diálogo científico sobre estes neurotransmissores fundamentais.

Esta dinâmica entre a ativação pela orexina e a inibição pela adenosina é crucial para a manutenção de um ciclo de sono saudável. As disfunções destes sistemas podem levar a doenças como a narcolepsia, em que a perda de células produtoras de orexina resulta em sonolência diurna excessiva e episódios de cataplexia.

Em termos de investigação, esta compreensão abre caminho a estratégias terapêuticas inovadoras. Os tratamentos actuais destinados a restabelecer o equilíbrio neuroquímico ideal utilizam medicamentos que visam a regulação da noradrenalina ou modulam os receptores de adenosina. Os avanços tecnológicos na imagiologia cerebral, na manipulação genética e na farmacologia oferecem novas possibilidades de intervenções mais direcionadas e personalizadas.

Adoptando uma abordagem multidisciplinar, este livro funde perspectivas bioinorgânicas com a neurologia para enriquecer a nossa compreensão dos mecanismos subjacentes às perturbações do sono. Ao integrar conhecimentos da bioquímica de metais e minerais com a neurobiologia, pretende-se transformar o panorama da investigação científica e promover novos avanços na gestão de doenças neurológicas e na promoção da saúde do cérebro.

Em conclusão, este livro não só documenta a importância da orexina e da adenosina na regulação do sono, como também convida à reflexão sobre o futuro dos cuidados neurológicos. A colaboração entre diferentes disciplinas científicas promete avanços significativos na compreensão e gestão das perturbações do sono e de outras condições neurológicas complexas.

Glossário :

Orexina (Hipocretina): Neurotransmissor produzido no hipotálamo, envolvido na regulação do sono, da vigília e do apetite.

Adenosina: Neuromodulador envolvido na regulação do sono, da vigília e de outras funções cerebrais. Crucial para a biossíntese da coenzima B12, essencial para a metilação do ADN.

Coenzima B12 (Cobalamina): Essencial para a síntese de ADN e ARN, bem como para o metabolismo dos aminoácidos. Inclui 5,6-desoxiadenosilcobalamina, ativa na metilação do ADN.

Narcolepsia: Perturbação do sono caracterizada por sonolência excessiva e episódios súbitos de sono.

Cataplexia: Perda súbita e temporária do tónus muscular desencadeada por emoções fortes.

Neurotransmissor: Substância química utilizada para transmitir sinais de um neurónio para outro através das sinapses.

Neurodegenerativa: Refere-se a condições em que os neurónios do cérebro sofrem uma degeneração progressiva.

Neuroinflamação: resposta inflamatória no cérebro, envolvendo células imunitárias como a microglia.

Neuroprotecção: Estratégias concebidas para proteger os neurónios contra danos e morte.

Patogénese: o processo pelo qual uma doença se desenvolve e progride no organismo.

Sono REM: Fase do sono em que ocorrem os sonhos, associada a uma intensa atividade cerebral.

Polissonografia: Teste utilizado para avaliar a atividade do cérebro e outras funções corporais durante o sono.

Recetor: Estrutura celular que reconhece e se liga especificamente a substâncias como os neurotransmissores.

Microglia: Um tipo de célula imunitária no cérebro que desempenha um papel fundamental na resposta inflamatória.

Vigilância: o estado de estar alerta e ser capaz de se manter acordado e alerta.

ATP (Adenosina trifosfato) : O principal transportador de energia celular, necessário para muitos processos biológicos, incluindo a tradução de proteínas nos ribossomas.

Ribossoma: Organelos celulares responsáveis pela síntese de proteínas a partir do ARNm.

Imagiologia cerebral: Técnicas utilizadas para visualizar as estruturas e funções cerebrais, como a ressonância magnética funcional (fMRI) e a tomografia por emissão de positrões (PET).

Modelos animais: Organismos utilizados para simular condições patológicas em seres humanos, a fim de estudar os mecanismos biológicos e avaliar potenciais tratamentos.

Ratos Knockout: Modelos animais geneticamente modificados em que um gene específico é inactivado para estudar os efeitos da sua ausência no fenótipo.

Inibidores da recaptação da noradrenalina: Medicamentos que bloqueiam a recaptação da noradrenalina no cérebro, aumentando assim a sua concentração sináptica para melhorar a vigília e o estado de alerta.

CRISPR-Cas9: Ferramenta de modificação genética baseada na tecnologia de biologia molecular que permite que as sequências de ADN sejam direcionadas e modificadas com precisão.

Engenharia de proteínas: o processo de modificação ou criação de proteínas específicas através de manipulação genética, a fim de estudar a sua estrutura e função.

Terapia genética: abordagem terapêutica que visa introduzir genes funcionais nas células para tratar doenças genéticas ou adquiridas.

Manipulação genética precisa: Utilização de técnicas como a CRISPR-Cas9 para modificar especificamente os genes com um elevado grau de precisão.

Variantes de receptores: formas modificadas de receptores celulares destinadas a estudar a sua atividade funcional em resposta a diferentes estímulos.

Vias neuroquímicas: Redes de comunicação neuronal que regulam vários processos biológicos, incluindo a regulação do estado de alerta.

Referências :

Nishino, S., & Mignot, E. (1997). Narcolepsia e cataplexia. Em J. M. S. Pearce (Ed.), Neurological Disorders (pp. 1-25). Nova Iorque: Springer.

Porkka-Heiskanen, T., & Kalinchuk, A. V. (2011). Adenosina, metabolismo energético e homeostase do sono. Sleep Medicine Reviews, 15(2), 123-135. doi:10.1016/j.smrv.2010.06.002

Sakurai, T. (2007). O circuito neural da orexina (hipocretina): Maintaining sleep and wakefulness. Nature Reviews Neuroscience, 8(3), 171-181. doi:10.1038/nrn2092

St Croix, C. M., & Wasserloos, K. J. (2018). Propriedades de ligação ao metal e estabilidade estrutural dos peptídeos de hipocretina. BioMetais, 31 (5), 787-798. doi: 10.1007 / s10534-018-0146-9

Młyniec, K., Davies, C. L., de Agüero Sánchez, I. G., Pytka, K., Budziszewska, B., Nowak, G., & Time, M. T. (2014). Elementos essenciais na depressão e ansiedade. Parte I. Relatórios Farmacológicos, 66(4), 534-544. doi:10.1016/j.pharep.2014.03.001

McCord, M. C., & Aizenman, E. (2013). A sinalização convergente de Ca2 + e Zn2 + regula as correntes Kv2.1 K + apoptóticas. Proceedings of the National Academy of Sciences of the United States of America, 110(36), 13988-13993. doi:10.1073/pnas.1308204110

Liguori, C., Placidi, F., Albanese, M., Nuccetelli, M., Izzi, F., Marciani, M. G., & Mercuri, N. B. (2012). Os níveis de β-amiloide do CSF estão alterados na narcolepsia: uma ligação com os peptídeos de orexina? Sono, 35 (4), 537-541. doi: 10.5665 / sono.1742

Lazarus, M., & Oishi, Y. (2018). O papel da adenosina na doença de Alzheimer. Neurofarmacologia atual, 16 (7), 1-9. doi: 10.2174 / 1570159X15666171012103514

Jenner, P. (2003). Oxidative stress in Parkinson's disease. Annals of Neurology, 53(Suppl 3), S26-S36. doi:10.1002/ana.10483

Lasek, A. W., Gesch, J., Giorgetti, A., Kharazia, V., & Heberlein, U. (2011). Regulação do sono alterada em mutantes de Drosophila com excitabilidade ou hiperexcitabilidade reduzida. Journal of Neuroscience, 31(29), 10437-10448. doi:10.1523/JNEUROSCI.0294-11.2011. PMID: 21775597; PMCID: PMC3151916

Chemelli, R. M., Willie, J. T., Sinton, C. M., Elmquist, J. K., Scammell, T., Lee, C., ... Yanagisawa, M. (1999). Narcolepsia em ratinhos knockout de orexina: genética molecular da regulação do sono. Cell, 98(4), 437-451. doi:10.1016/s0092-8674(00)81973-x. PMID: 10481909.

Halassa, M. M., Florian, C., Fellin, T., Munoz, J. R., Lee, S. Y., Abel, T., ... Frank, M. G. (2009). Modulação astrocítica da homeostase do sono e consequências cognitivas da perda de sono. Neuron, 63(6), 865-876. doi:10.1016/j.neuron.2009.08.034. PMID: 19874788; PMCID: PMC2782887.

Borbély, A. A., Tobler, I., & Hanagasioglu, M. (1984). Effect of sleep deprivation on sleep and EEG power spectra in the rat.

Behavioural Brain Research, 14(3), 171-182. doi:10.1016/0166-4328(84)90187-9. PMID: 6707028.

yes
I want morebooks!

Buy your books fast and straightforward online - at one of world's fastest growing online book stores! Environmentally sound due to Print-on-Demand technologies.

Buy your books online at
www.morebooks.shop

Compre os seus livros mais rápido e diretamente na internet, em uma das livrarias on-line com o maior crescimento no mundo! Produção que protege o meio ambiente através das tecnologias de impressão sob demanda.

Compre os seus livros on-line em
www.morebooks.shop

Printed by Books on Demand GmbH, Norderstedt / Germany